LA
MÉTHODE DE BROWN-SÉQUARD

SES RÉSULTATS CLINIQUES

PAR

Le Dr BOUFFÉ

De la Faculté de Médecine de Paris
Membre de la Société de Médecine et de Chirurgie pratiques de Paris
De la Société Médicale de l'Elysée, de la Société Française d'Hygiène
Membre correspondant de la Société Médicale de Lublin (Russie)
etc., etc.

Communication faite à la *Société de Médecine et de Chirurgie Pratiques de Paris*

LE 1er JUIN 1893

CLERMONT (OISE)

IMPRIMERIE DAIX FRÈRES

3, PLACE SAINT-ANDRÉ, 3

—

1893

LA

MÉTHODE DE BROWN-SÉQUARD

SES RÉSULTATS CLINIQUES

PAR

Le Dr BOUFFÉ

De la Faculté de Médecine de Paris
Membre de la Société de Médecine et de Chirurgie pratiques de Paris
De la Société Médicale de l'Elysée, de la Société Française d'Hygiène
Membre correspondant de la Société Médicale de Lublin (Russie)
etc., etc.

Communication faite à la *Société de Médecine et de Chirurgie Pratiques de Paris*

LE 1er JUIN 1893

CLERMONT (OISE)

IMPRIMERIE DAIX FRÈRES

3, PLACE SAINT-ANDRÉ, 3

—

1893

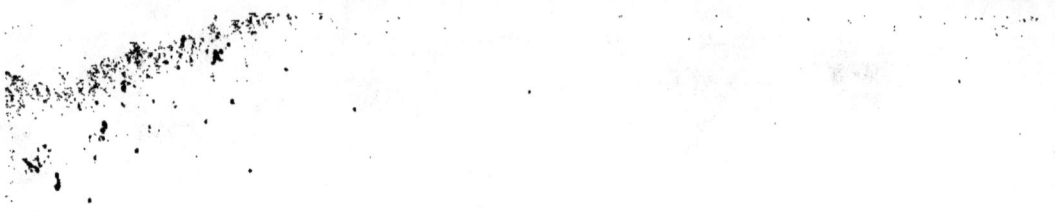

LA
MÉTHODE DE BROWN-SÉQUARD

SES RÉSULTATS CLINIQUES

Par le Dr BOUFFÉ

J'ai l'honneur de soumettre à la Société de Médecine et de Chirurgie pratiques les résultats des nouvelles recherches que j'ai faites sur la méthode séquardienne pendant les trois mois qui se sont écoulés depuis ma dernière communication, en procédant comme je l'ai fait jusqu'ici, c'est-à-dire en vous apportant des faits dûment observés, étudiés et analysés, qui me permettront de tirer telles conclusions de leur interprétation clinique qu'ils m'inspireront.

Vouloir agir autrement, c'est s'exposer à traiter théoriquement, sans examen direct approfondi, partant sans base d'observation et sans contrôle clinique, une question de la plus haute importance thérapeutique.

Qu'il me soit permis de réfuter tout d'abord quelques-unes des opinions qui ont été émises ici comme suite à ma première communication.

I.

A M. Guelpa, le premier, je dirai : N'est-il pas quelque peu téméraire de faire reposer des conclusions sur un seul fait, dont le diagnostic n'est pas bien précis ? Je sais que notre confrère s'est appuyé sur la statistique de M. Massalango (de Pavie) ; mais nous ne connaissons aucune des observations de ce dernier. C'est là une lacune regrettable, car des faits relatés nous pourrions tirer un enseignement, voir dans quelle maladie la méthode a été appliquée ; quel a été le mode de réaction de chacun des malades ; juger enfin par nous-mêmes si les expériences ont été conduites avec tout le soin désirable, car il ne suffit pas d'émettre une opinion pour que celle-ci soit fondée. Il faut que la conclusion découle naturellement des faits observés, rapportés, et qu'aucun parti pris ne préside à la rédaction finale d'un auteur, c'est-à-dire à sa conclusion.

Nous regrettons donc d'être obligé de ne pas tenir compte de la statistique de M. Massalango qui ne repose sur aucun fait appréciable pour nous.

Il ne nous est pas plus possible d'admettre avec lui qu'avec M. Guelpa, la suggestion dont les termes ont été parfaitement définis et posés ici par notre collègue, M. Thermes, qui se refuse, avec raison, à croire à des effets suggestifs dans les phénomènes observés chez des malades soumis aux injections de liquides organiques.

Trois raisons justifient complètement notre assertion :

1º Et les lapins ? et les cobayes ? et les vieux chiens qui ont été envigorés par le suc testiculaire, ont-ils été suggestionés ?

2º Dans les applications chez l'homme, certains malades, absolument incrédules, doutant complètement de la méthode, ont été néanmoins radicalement guéris.

3º Enfin, chez les débilités, les neurasthéniques, qui ont été transformés par les injections et où M. Bardet a mis sur le compte possible, probable même de la suggestion, les résultats obtenus, cette catégorie de malades pouvait-elle transformer leur liquide sanguin pauvre en hémoglobine (65 % au lieu de l'unité, soit une diminution de 35 %) et faire monter le chiffre des globules en 15 jours de 3.500.000 à 4.000.000, comme j'en ai été témoin ?

Et le dynamomètre n'a-t-il pas constaté nettement une augmentation de force ?

Et la tachycardie qui faisait rapidement et graduellement place à des pulsations qui, de 140, 130, s'abaissaient à 80, 70, 65 ?

Et l'appétit ? Et le sommeil si difficile chez les neurasthéniques qui, comme dans le cas que j'ai cité (1) dans mon premier travail, passent de 3 à 4 heures à une durée ininterrompue de 11 heures.

Et ce besoin d'activité qui caractérise un des premiers symptômes subjectifs de la méthode ?

Et la légèreté cérébrale (pour me servir de l'expression d'un malade) qui fait place à la lourdeur encéphalique, au clou neurasthénique, au casque ?

Et la disparition des névralgies occipito-frontales qu'aucun médicament précédemment employé n'avait pu calmer ?

Et le réveil des fonctions génésiques si difficile à obtenir par tous les moyens thérapeutiques ?

Et la précision et la vigueur dans les mouvements chez les ataxiques ?

Et l'abolition des crises gastriques, des douleurs fulgurantes. Et

(1) Communication du 23 février 1893, à la Société de Médecine et de Chirurgie pratiques, obs. IV.

l'amélioration de la vue, la cessation de la constipation, et l'heureuse modification de la parésie vésicale qui permet l'émission d'un fort jet d'urine?

Le maintien de tous ces résultats après la guérison, la disparition de tous ces phénomènes morbides qui sont sous la dépendance d'un affaiblissement ou même de lésions des centres encéphalo-médullaires peut-elle être l'effet de la suggestion? Mais si le liquide de Brown-Séquard possédait la puissance suggestive développée à ce point, nous devrions encore le considérer comme un des moyens appelés à nous rendre les plus grands services.

Il ne suffit malheureusement pas de l'évoquer, cette puissance, sans appliquer les injections, pour obtenir des résultats. C'est là une expérience comparative que je recommande aux sceptiques. Ils seront rapidement éclairés sur l'inutilité de la suggestion, alors que quelques centimètres cubes de liquide injecté produiront des effets remarquables.

La suggestion n'est pas plus apte à guérir la catégorie des malades chez lesquels la méthode de Brown-Séquard est toute-puissante qu'elle ne réduirait une fracture de jambe.

II.

M. Jolly s'est un peu écarté de notre sujet. Il a traité la question des phosphates, persuadé que le suc testiculaire agit surtout par le phosphate de soude qui y serait contenu ; aussi, confondant les effets du liquide de Brown-Séquard avec ceux du phosphate de soude, commet-il une erreur en disant que le suc testiculaire produit surtout de l'excitation sur le cerveau et le système nerveux.

Nous n'avons jamais observé qu'une seule fois ce phénomène, sous l'influence des injections de Brown-Séquard, dont avons pratiqué un millier environ à l'heure actuelle.

Les injections de phosphate de soude produisent cet effet ; mais rien de semblable ne peut être attribué à la méthode séquardienne.

C'est ainsi que M. Brown-Séquard a pu injecter *6,000 grammes de liquide* chez un lapin, de liquide pur, s'entend, sans produire d'autre phénomène qu'un peu de gaîté chez l'animal.

Nous nous résumerons en disant que la suggestion ne peut être invoquée en présence des résultats obtenus par la méthode de Brown-Séquard. Tous les symptômes observés, et que nous avons passés en revue avec vous tendent à faire éliminer définitivement cette croyance qui ne repose sur rien de sérieux, comme le prouvent les phénomènes physiques énumérés plus haut et qui dépendent de la nouvelle puissance acquise par le système nerveux.

Avant de vous entretenir de faits nouveaux, il me paraît nécessaire de revenir sur quelques-uns de ceux que j'ai rapportés dans mon précédent travail, le temps écoulé depuis cette époque pouvant être d'un grand enseignement pour nous. Ainsi, j'ai revu les sujets des observations II, III, IV, VI, IX et X de mon mémoire précédent. Je passerai rapidement sur les premières et je parlerai en détail de la dernière observation qui fait plûtôt partie des faits nouveaux que j'ai observés.

Obs. III.

Tuberculose pulmonaire.

M. X.. continue à s'améliorer. Je lui fais depuis deux semaines de nouveau des injections, en vue de le préparer à son prochain départ de France où il aura passé neuf mois. Je pratique les injections à une dose beaucoup plus élevée qu'autrefois et le sujet s'en trouve admirablement.

Obs. III (1re série).

Débilité sénile. Neurasthénie sénile de C. Paul.

M. X. devant quitter Paris pour plusieurs mois pendant l'été, est venu me trouver avant son départ, me demandant de lui faire quelques injections... par précaution, dit-il, LES DERNIÈRES REMONTANT A PLUS D'UNE ANNÉE.

En présence de cet excellent état de santé de M. X., âgé de 64 ans, je jugeai inutile de lui faire de nouveau des injections. Je lui conseillai donc de partir pour la campagne, persuadé qu'il n'avait en rien besoin d'un envigorement nouveau par le liquide de Brown-Séquard.

Les nouvelles que j'ai reçues de lui depuis un mois qu'il a quitté Paris ont confirmé de tous points mes prévisions. Il continue à jouir d'une santé parfaite.

Obs. IV.

Débilité prématurée. Neurasthénie cérébrale de C. Paul.

L'état général de Mme X. s'est maintenu ce qu'il était à peu près à la fin des injections. Bien plus, l'engraissement a continué; les forces sont tout à fait revenues. Enfin, l'aptitude au travail a été telle que le sujet de la dite observation a pu produire un ouvrage de trente mille lignes cet hiver.

Si l'on compare cet état à celui de l'an passé à pareille époque où la malade me disait : « ma pensée se dérobe », on comprendra aisément la puissance de la méthode, alors surtout qu'aucune autre médication n'a été suivie depuis la première injection jusqu'à ce jour.

Les heureux résultats que je vous signale ici ont été constatés par moi, il y a quelque temps, sur la malade qui est venue à ma consultation et elle me les a confirmés dans une lettre qu'elle m'a adressée la semaine dernière et où elle me dit : « Ma santé est tout à fait rétablie, grâce aux injections que vous m'avez faites l'an passé, etc. »

Obs. VI.

Neurasthénie.

Mme de X. continue à bénéficier de l'envigorement de son système nerveux. Les névralgies ont disparu, de même la lassitude extérieure dont elle souffrait depuis des années et qui la mettait dans l'impossibilité de s'exposer à la moindre fatigue. En résumé, amélioration évidente ; état général très satisfaisant.

Obs. IX.

La situation de cette malade qui est aujourd'hui guérie de sa neurasthénie, m'a confirmé dans l'opinion que j'avais émise dans mon premier travail, que la neurasthénie post-morphinique n'est pas justiciable du liquide de Brown-Séquard.

En effet, cette malade n'a jamais bénéficié des injections de liquide testiculaire, tandis que celles de substance nerveuse ont produit chez elle des effets remarquables de sédation cérébrale et d'envigorement du système nerveux en général.

L'obs. X ayant trait à un ataxique que je n'avais fais que signaler dans mon premier mémoire, je vais vous donner ici quelques détails de l'observation :

M. X., 41 ans, est ataxique depuis six ans. Il présente depuis trois ans surtout des douleurs fulgurantes qui ont considérablement augmenté dans les derniers six mois. Sous l'influence de l'antipyrine, elles se calmaient autrefois, tandis qu'elles font beaucoup souffrir le malade depuis le commencement de l'hiver dernier, par leur acuité et leur retour de plus en plus rapproché. Crises gastriques ; constriction de la poitrine, abolition des réflexes : incoordination des mouvements à la marche, vide cérébral, diminution très sensible du champ visuel, surtout à droite, impuissance génitale absolue depuis neuf mois, faiblesse croissante des membres inférieurs, constipation, parésie vésicale ; enfin, signe de Romberg, tels étaient les symptômes que présentait M. X., lorsqu'il vint me demander de calmer ses douleurs fulgurantes. Elles siégeaient à ce moment à la nuque et le reprenaient d'une façon si intense, si douloureuse, depuis 3 jours,

surtout vers 5 heures du soir, que le malade avait la veille jeté des cris trois heures durant, de 5 h. à 8 h. C'est ce qui l'avait décidé à venir me trouver.

M. X. ne présentant aucune trace de syphilis dont il déclare d'ailleurs n'avoir jamais été atteint ; je procurai, grâce au chloralose, du sommeil au malade qui n'avait pas dormi depuis trois jours et je lui proposai d'essayer de la méthode de Brown-Séquard ce qui fut aussitôt accepté.

Je fis à M. X. dix injections en l'espace de six semaines, en ayant soin de ne pas dépasser 1/2 centimètre cube de liquide dilué dans égale quantité d'eau. M. X. présentant une lésion aortique qui pouvait bien être héréditaire, son père et son oncle cardiaques également, étant morts subitement.

Je ne pus dépasser cette dose, le malade éprouvait, dès que je l'atteignais une certaine anxiété. L'accoutumance s'établit d'ailleurs en espaçant simplement les injections. Néanmoins, n'ayant pas à cette époque, comme aujourd'hui une aussi grande expérience de la méthode, je ne dépassai pas un *demi-centimètre cube* de liquide testiculaire par injections.

Les résultats de celles-ci furent les suivants :

L'appétit qui était nul est revenu ; le sommeil agité autrefois et qui ne durait pas plus de trois heures, a graduellement augmenté et dure sept heures sans interruption. Plus de douleurs fulgurantes, de crises gastriques, de constriction cardiaque, ni de constipation.

La parésie vésicale a cessé pour faire place à l'émission d'un fort jet d'urine. M. X. peut marcher trois et quatre heures durant, sans fatigue. Il a recouvré de la précision et de la vigueur dans ses mouvements au point de monter mon escalier sans le secours d'une canne qui lui était absolument nécessaire avant le traitement.

La vue est singulièrement améliorée. Il peut actuellement écrire, même à la lumière d'une lampe, trois lettres de suite, sans fatigue, alors que deux mois auparavant il éprouvait toutes sortes de difficultés à en écrire une seule tous les 3 à quatre jours, et pendant la journée.

Enfin, au bout de la quatrième semaine de traitement, les fonctions génésiques qui étaient totalement abolies depuis neuf mois, se réveillèrent, et purent s'accomplir normalement.

Quoique les réflexes ne reparurent point, ne peut-on considérer ce malade, qu'une circonstance imprévue (obligation de famille, a forcé d'interrompre momentanément son traitement, par suite d'une absence nécessaire de Paris), ne peut-on le considérer en bonne voie de guérison ?

C'est là tout au moins, un merveilleux envigorement dans une maladie réputée incurable jusqu'ici.

III.

Je sais qu'on m'opposera des temps d'arrêt analogues à celui-ci dans l'évolution du tabes : mais il paraît impossible de comparer ce qui s'est passé, dans ce cas, c'est-à-dire la puissance nerveuse nouvelle acquise si rapidement chez ce malade, avec ce que donne un des traitements qui avait, jusqu'ici, le mieux réussi, c'est-à-dire la cure de Lamalou, par exemple contre cette maladie.

Si l'on veut bien réfléchir au rôle du système nerveux, on comprendra les effets constatés.

Le système nerveux distribue à sa guise le sang et l'oxygène, l'excitation ou l'arrêt, le relâchement ou la contraction musculaire, il mesure aux tissus leurs matériaux nutritifs, fait circuler les excreta, etc., suivant le plan auquel il préside. C'est à ce système nerveux qu'est conférée non seulement la réglementation de chaque fonction, mais leur commune association et dépendance ; c'est par conséquent à lui qu'est dû ce phénomène si frappant de la vie générale. C'est en lui que réside le grand problème de la vie individuelle, c'est-à-dire l'harmonie du fonctionnement de chaque partie dans l'ensemble, d'où résulte la conservation de l'ordre intérieur, et l'existence de l'être personnel. La cellule nerveuse est à l'ensemble général ce qu'est le noyau à la cellule ; et l'organisation du tissu nerveux est la cause directrice de la vie générale, comme l'organisation du protoplasma et du noyau de chaque cellule est la raison d'être de son fonctionnement particulier.

C'est dans cette organisation du tissu nerveux certainement transmise par la *matière de la génération*, qu'est la cause et le mystère de l'organisation générale de la vie individuelle (1).

On peut avancer aujourd'hui (plus de 342 observations le prouvent, venues de tous les points du monde), que le tabes peut guérir ou tout au moins être singulièrement et très promptement amélioré dans la proportion de 90 sur 100, par le liquide de Brown-Séquard.

L'observation est d'accord ici avec la théorie qu'elle confirme. — Le suc testiculaire agit ici en donnant au système nerveux une nouvelle puissance qui lui fait défaut par suite de la sclérose d'une partie de ses cordons postérieurs ; car, il ne faut pas l'oublier, il existe dans notre système nerveux une quantité de fibres beaucoup plus grande que nous le croyions jusqu'ici (voir à ce sujet les travaux de Dagonet (2) et des auteurs allemands) et qui peuvent suppléer à l'action des cordons sclérosés de la moelle.

---

(1) Armand Gauthier. *Chimie biologique*, 1892, p. 780.
(2) Les *Nouvelles recherches* sur les éléments nerveux. Paris, 1893.

IV.

On sait d'ailleurs que Westphal a trouvé toutes les lésions médullaires de l'ataxie, chez un malade mort de pneumonie après guérison de toutes les manifestations du tabes ataxique (1).

Bennett, de Londres par contre, n'a trouvé aucune lésion à l'autopsie d'un ataxique (2).

Aussi, peut-on admettre désormais le retour des fonctions, sans guérison des lésions médullaires. Ne peut-on établir une certaine analogie entre ce qui se passe ici, avec le phénomène de la suppléance des fibres récurrentes après la section d'un tronc nerveux?

Les altérations les plus profondes pouvant provenir des troubles du système nerveux, dits trophiques, on comprendra que le système nerveux, ce grand régulateur de nos fonctions, puisse, après envigorement, s'opposer à ces troubles, les arrêter dans leur évolution, par dynamogénie, comme l'a admis M. Le Dentu, dans sa communication à une des dernières séances de l'Académie de médecine (3).

D'autres faits de même nature ont été observés par d'autres expérimentateurs : tel l'ataxique que M. Depoux a présenté à la Société de Biologie et chez lequel la guérison est complète.

Le malade était un prévôt d'armes qui était arrivé à un tel état de cachexie qu'il ne pouvait plus marcher. Les médecins du Val-de-Grâce, le croyant incurable, l'avaient fait réformer. Du 1er mars au 20 octobre 1890, M. Depoux lui fit des injections de liquide testiculaire. Une amélioration notable s'est bientôt montrée et avant la fin d'octobre il a pu donner des leçons d'armes. Le 5 octobre 1891, il a été montré à la Société de biologie où le professeur Laveran, qui l'avait vu au Val-de-Grâce, a fait savoir dans quel état terrible il se trouvait, lorsqu'il a été réformé. Aujourd'hui il est capable de faire quinze à vingt assauts d'armes par jour (4).

En présence de tels résultats, la guérison ou l'amélioration du tabes par le suc testiculaire ne peut plus être mise en doute. Certains nieront encore la possibilité de la guérison, en raison de la sclérose des cordons de la moëlle. Nous avons démontré par les faits de Westphal et de Bennett, que l'ataxie locomotrice pouvait exister sans lésions et qu'on pouvait trouver la sclérose des cordons postérieurs de la moëlle malgré la guérison du tabes.

V.

Ces deux faits viennent à l'encontre des idées de l'école de la

(1) Brown-Séquard. Académie des sciences, séances des 30 mai et 7 juin 1892.
(2) Id. communication orale.
(3) *Bulletin de l'Académie de médecine*, avril 1893.
(4) Brown-Séquard. Académie des sciences, 30 mai et 7 juin 1892.

Salpêtrière, nous ne l'ignorons pas. Ils n'en sont pas moins appelés à jeter un jour nouveau sur cette importante question de l'ataxie locomotrice. Ils auront surtout pour résultat d'inciter la jeune génération médicale à ne pas assister indifférente à l'évolution d'une maladie considérée jusqu'ici comme incurable, contrairement à la stricte observation.

Est-ce à dire que les mêmes résultats couronneront toutes les tentatives thérapeutiques? M. Brown-Séquard, lui-même, dans son mémoire à l'Académie des Sciences, a pris soin de prémunir contre une telle exagération, qu'aucun médecin ne voudrait soutenir, pas plus relativement au liquide testiculaire qu'à l'égard de tout autre médicament réputé excellent dans telle maladie.

« Il ne faudrait pas conclure, dit-il, de l'extrême fréquence des bons effets des injections de liquide testiculaire contre l'ataxie, que ce mode de traitement doit toujours réussir »? Est-il besoin, en terminant cette première partie de mon travail, de revenir sur le mode d'action du liquide séquardien? Il nous suffira de rappeler la théorie, (dont on n'a pas assez tenu compte au cours de la discussion qui a eu lieu ici), qui a présidé à la découverte de M. Brown-Séquard pour avoir la clef des phénomènes observés.

En 1869, déjà, l'auteur, dans son cours à l'Ecole pratique, émettait l'idée que « les glandes de l'organisme, qu'elles aient des con-
« duits excréteurs ou non, donnent au sang des principes utiles,
« dont l'absence se fait sentir, lorsqu'elles sont extirpées ou dé-
« truites par la maladie. »

La vérification de cette conception a été faite d'une façon éclatante par la production du myxœdème chez un enfant auquel un chirurgien avait crû devoir enlever la glande thyroïde.

Restituer donc au système nerveux défaillant la sécrétion organique qui lui fait défaut, telle a été la conception de la théorie de l'auteur, théorie générale et non restreinte au suc testiculaire, ce dernier ayant été choisi surtout comme le principal générateur de la vie: telle est la méthode de Brown-Séquard. Dans la seconde partie, nous vous soumettrons les résultats cliniques que nous avons obtenus dans *l'ataxie* compliquée de *morphinisme; la neurasthénie post-opératoire; la neurasthénie sénile; la neurasthénie syphilitique;* dans les *états variqueux* et *goutteux;* enfin, dans le *psoriasis localisé* et *général.*

CLERMONT (OISE). — IMPRIMERIE DAIX FRÈRES, 3, PLACE SAINT-ANDRÉ.

www.ingramcontent.com/pod-product-compliance
Lightning Source LLC
Chambersburg PA
CBHW050420210326
41520CB00020B/6687